DK垃圾星球

[英]杰西·弗兰奇　著

纯熙　译

科学普及出版社
·北　京·

图书在版编目(CIP)数据

DK垃圾星球 / (英) 杰西·弗兰奇著；纯熙译. —
北京：科学普及出版社, 2021.3 (2023.7重印)
书名原文: What A Waste: Rubbish, Recycling, and
Protecting our Planet
ISBN 978-7-110-10134-6

Ⅰ. ①D… Ⅱ. ①杰… ②纯… Ⅲ. ①垃圾处理—青少
年读物 Ⅳ. ①X705-49

中国版本图书馆CIP数据核字(2020)第133641号

DK | Penguin Random House

Original Title: What A Waste: Rubbish, Recycling, and
Protecting our Planet
Text copyright © Jess French, 2019
Design and layouts © 2019 Dorling Kindersley Limited
A Penguin Random House Company

版权所有　侵权必究

策划编辑　邓　文
责任编辑　白李娜
封面设计　朱　颖
图书装帧　金彩恒通
责任校对　焦　宁
责任印制　李晓霖

科学普及出版社出版
北京市海淀区中关村南大街16号　邮政编码：100081
电话：010-62173865　传真：010-62173081
http://www.cspbooks.com.cn
中国科学技术出版社有限公司发行部发行
惠州市金宣发智能包装科技有限公司印刷
＊
开本：889毫米×1194毫米　1/16　印张：4.5　字数：110千字
2021年3月第1版　2023年7月第2次印刷
ISBN　978-7-110-10134-6/X·70
印数：8001—13000　册　定价：49.80元

FSC
混合产品
纸张 |
支持负责任林业
FSC® C018179

For the curious
www.dk.com

目 录

我们的星球正在被垃圾淹没。不过，如果我们现在就开始行动，拯救地球还不算太晚。

前 言

当我还是一个孩子的时候，我特别喜欢做的事情之一就是在海滩上寻找被冲上岸的"宝藏"。我家就在海边，每天我都要花好几个小时在沙子里寻找海洋生物和化石。我发现了各种各样令人惊奇的东西，但不幸的是，我也发现了许多垃圾。从气球到马桶圈，各种各样的垃圾接踵而来。后来，我更容易发现一块塑料片，而不是找到一个贝壳。长大后我成了一名兽医，目睹了垃圾对野生动物和家养宠物造成可怕的伤害。

人类现在制造的垃圾比以往任何时候都要多，我们的星球正在遭受苦难。我真的相信，如果每个人都能意识到他们产生的垃圾对这个星球有多么严重的影响，人们就一定会采取措施改变现状。通过传播环保理念，希望可以开始改变人们乱丢垃圾的现状，让我们的世界变成一个更干净、更美好的天地，让所有人都能享受其中。幸运的是，我们有很多简单的方法来解决垃圾问题，而我们也有能力去做出积极的改变。

Jess French

杰西·弗兰奇

垃圾问题

如果把我们每天丢弃的垃圾装进货车里，
这些货车首尾相连足以绕地球24圈！

建造新的垃圾填埋场会破坏动物的栖息地，
而焚烧垃圾会造成空气污染。

丢弃文化

塑料杯子、外卖盒、塑料勺子和吸管——许多产品都是用完被扔掉的！一旦你用完这些一次性用品，你会把它们扔到哪里去呢？

如果我们不改变生活习惯，再过30年，
我们产生的垃圾会比现在多70%。

垃圾就是我们扔掉的一切东西。 我们每天的所有活动都会产生垃圾，这是生活的一部分。不过，要尽量避免制造不必要的垃圾。

垃圾对全世界的动物来说都是一个问题。宠物和野生动物有可能会被塑料垃圾缠住，或者误认为是食物而吃掉。这对海洋生物来说是最危险的。

除了吸引携带病原体的老鼠之外，巨大的垃圾填埋场还会产生使地球变暖的气体和污染水源的液体。

塑料是一种神奇的物质，坚韧、防水、耐用。然而，这些特性使塑料很难被降解。

许多类型的塑料不能回收，而那些被扔进垃圾箱里的塑料也不会腐烂、消失。

污染

污染，是指有害物质进入自然环境，危害动物、植物和人类。污染的源头可能是我们想象不到的地方。有些类型的污染，比如海面上泄漏的石油，很容易被发现，但还有一些类型的污染我们则完全看不到。

喷洒在农作物上的化学物质

土壤污染

许多农民在农田里施用农药来杀灭害虫，施用化肥来帮助庄稼生长。这些化学物质在土壤中堆积，使土壤板结。下雨时，这些有毒的化学物质从土壤中流出，汇入河流、湖泊和海洋。

水污染

石油是水污染的主要原因。船只的引擎可能会漏油，油轮泄漏或者输油管道破裂时则会造成严重的事故。石油会黏附在海洋生物的皮毛或羽毛上，导致其丧失防水性，动物有可能会淹死。当动物试图用嘴或者舌头去除石油时，则可能会中毒。

空气污染

汽车、工厂、农场和垃圾填埋场都会产生有毒的气体和粉尘。空气污染物可以随大气传播数百千米。空气污染物对我们的肺有害，会导致哮喘等疾病。

美国拥有超过 **2.69** 亿辆汽车。

1989年"埃克森·瓦尔迪兹"号油轮的泄漏事故，造成 **25** 万只鸟类死亡。

噪声污染

分贝过高的噪声会损害人体健康。五分之一的欧洲人因为夜晚过多的噪声，以至睡眠不足。最严重的噪声污染来自汽车和飞机。

光污染

城市的夜空常常闪耀着光芒。这对刚刚孵化的小海龟来说是致命的。它们会错把灯光当作月亮在海面上的反光，朝内陆爬去，离大海越来越远。

全世界92%的人呼吸着受污染的空气。

空气污染

在所有不同类型的污染中，空气污染是最危险的。每年全世界有700万人因呼吸受污染的空气而死亡。世界各地都在寻找解决空气污染的新方法。

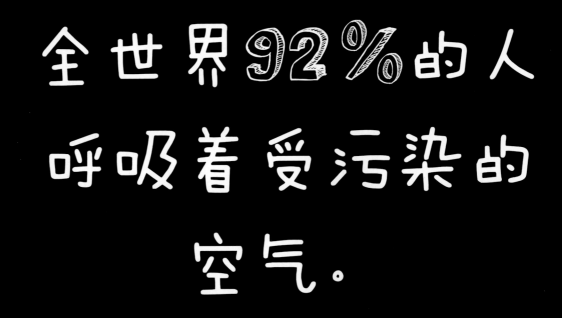

电动汽车

以电力驱动的电动汽车不像以汽油或柴油为燃料驱动的汽车会产生那么多的尾气。柴油尤其对人体有害，因为它燃烧时会产生一种叫作氮氧化物的气体，吸入这种气体是很危险的。

研究人员发现：
空气污染
使学生的数学考试
成绩变得更差。

绿色城市

种植树木有助于净化空气。树皮和树叶可以吸附污染物微粒，树木还能吸收有害气体。

智能警报

在韩国首尔，如果空气污染严重，政府会发送警报来保护市民。这能帮助有呼吸困难的人决定是出门还是留在室内。

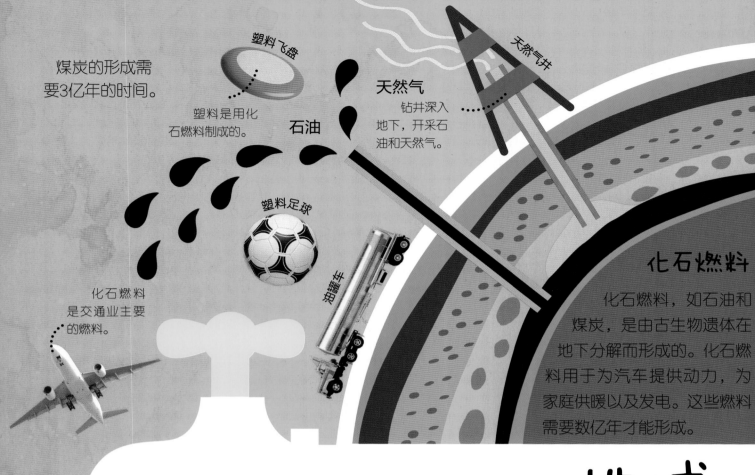

煤炭的形成需要3亿年的时间。

塑料飞盘

塑料是用化石燃料制成的。

石油

天然气

钻井深入地下，开采石油和天然气。

天然气井

塑料足球

油罐车

化石燃料是交通业主要的燃料。

化石燃料

化石燃料，如石油和煤炭，是由古生物遗体在地下分解而形成的。化石燃料用于为汽车提供动力，为家庭供暖以及发电。这些燃料需要数亿年才能形成。

地球

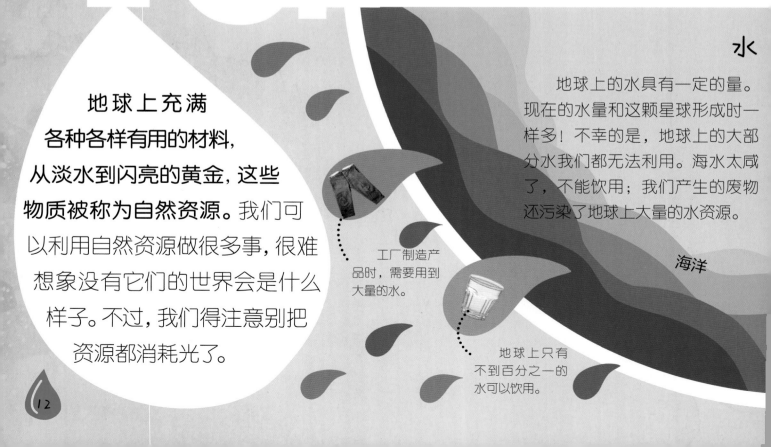

水

地球上的水具有一定的量。现在的水量和这颗星球形成时一样多！不幸的是，地球上的大部分水我们都无法利用。海水太咸了，不能饮用；我们产生的废物还污染了地球上大量的水资源。

海洋

地球上充满各种各样有用的材料，从淡水到闪亮的黄金，这些物质被称为自然资源。我们可以利用自然资源做很多事，很难想象没有它们的世界会是什么样子。不过，我们得注意别把资源都消耗光了。

工厂制造产品时，需要用到大量的水。

地球上只有不到百分之一的水可以饮用。

用材林

木桌

地球上超过60%的陆地曾经被森林覆盖，现在则还不到30%。

砍伐森林的主要原因是扩大耕地面积。

木椅子

木材

木材是很重要的原材料。它被用来建造房屋，制造家具，而且是燃料的来源。我们还利用木材制造书籍、杂志和卫生纸。

木勺

卫生纸

书

经过森林管理委员会（FSC）认证的纸张，来源于种植树木多于砍伐树木的用材林。

资源

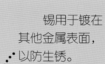

锡用于镀在其他金属表面，以防生锈。

铝合金自行车

矿物

矿物是数百万年以来在地下形成的固体物质。地球上有数千种不同的矿物，包括银和金。矿物很有价值，但开采它们会严重破坏环境，目前一些稀有矿物即将耗尽。

铝土矿用来提炼一种质轻、强韧的金属——铝。

笔记本电脑

钨不易熔化，制造火箭、笔记本电脑和X光机会用到它。

金矿

黄金是人类历史上最早开采的矿物。

石英用来制造玻璃。

玻璃瓶

一个电路板里含有35种不同的矿物质。

地球的大气层

臭氧层吸收了太阳光中98%的紫外线，

臭氧是氧气的一种形式。臭氧层位于大气层的高处。

发电厂

发电厂是生产电能的工厂。许多发电厂用煤或天然气发电。燃料燃烧时，会释放大量的二氧化碳。这是人类活动产生的最常见的温室气体。

温室气体

当来自太阳的能量到达地球表面时，有些能量被吸收，大部分能量被反射掉了。温室气体就像一张毯子，阻挡反射的能量离开大气层。因此，如果温室气体不断增加，地球的温度就会上升，这种现象称为全球变暖。

树木可以吸收温室气体，因此砍伐森林会破坏世界上最好的空气过滤器！

交通运输

小汽车、卡车、公共汽车、火车和飞机会排放大量的温室气体。这是因为目前这些车辆的动力，主要来自燃烧化石燃料。

一头牛每年可以释放超过**120**千克温室气体——甲烷。

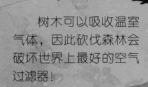

大气层是地球周围的一层气体，保护我们免受太阳射线的伤害。使地球保持温暖的气体称为温室气体。燃烧燃料等人类行为造成温室气体增加，进而导致全球气温上升。

紫外线会对皮肤造成伤害。

极端气候

全球变暖会导致极端气候的发生。近年来，热浪、干旱、野火、雨雪风暴等极端气候变得更加普遍。

冰川融化

全球温度升高导致大面积冰川融化，如山地冰川、冰帽和极地地区的冰盖，由此产生的融水流入海洋，使海平面上升。

1980年　　2012年

覆盖北冰洋的海冰正在减少。上图所示是1980年夏天（左）与2012年夏天（右）的冰量对比。

雾霾

雾霾是由有毒气体和微粒组成的浓雾，通常出现在城市上空。在无风的天气时，雾霾往往很严重。

极端天气会导致很多问题，比如爆发洪水。

冰川融化导致海平面上升，而沿海地区最容易受到海平面上升的影响。

炎热的天气和减少的降水量，增加了出现野火的危险性。

砍伐森林

几千年来，人类一直在砍伐树木，用于建造房屋和生火。但是，现在我们砍伐森林的速度比以往任何时候都要快，不仅是为了得到木材和燃料，还用于大面积开垦农业土地。树木也被砍伐用于造纸——我们每天要用掉近100万吨（98.5万吨）纸！

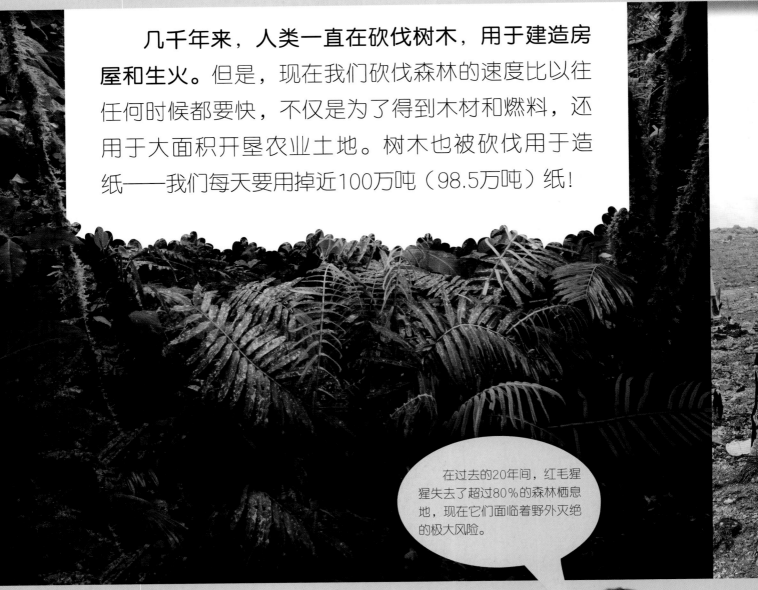

在过去的20年间，红毛猩猩失去了超过80％的森林栖息地，现在它们面临着野外灭绝的极大风险。

棕榈油

棕榈油是从非洲油棕榈树的果实中提炼出来的一种润滑、乳脂状的油。从食用油、巧克力到清洁用品和口红，棕榈油被用于制造各种各样的产品。油棕榈树原产于非洲，但如今油棕榈树在世界其他地方被称为棕榈种植园的农场里大量种植。在那里，人们砍伐森林，重新种植棕榈树，导致树种单一，野生动物失去家园。

油棕榈果实

为什么我们需要森林？

森林不仅仅是树木的集合，它们还是地球重要的组成部分。

全世界有3万亿棵树，
但每年有150亿棵树被砍伐。

我能做什么？
让你的父母及其他亲朋好友选择使用可持续棕榈油的产品。可持续棕榈油来自对人类、动物和环境友好的方式生长的油棕榈树。

超市里一半以上的包装商品都含有棕榈油。

棕榈油具有天然的防腐效果，它能阻止微生物生长。用在产品配料表中的棕榈油有很多其他的名字——至少200个！包括棕榈仁、棕榈酸、甘油、硬脂酸、棕榈仁油酸钠，通常被统称为植物油。所以，很难知道产品里是否含有棕榈油。不过，你真的想避免使用它，可以在互联网上寻找一些不使用它的品牌。

二氧化碳 随着树木的生长，可以吸收大量的二氧化碳。二氧化碳是空气中的一种气体，会引起气候变化，树木还可以吸收空气中的其他有害气体。

氧气 森林是地球之"肺"，释放我们赖以为生的氧气。

水供应 树木将水从土壤中吸收，并蒸发到空气中，形成雨水，避免干旱。

保护土壤 树根可以固定土壤，防止在水或风的作用下造成土壤流失。

防洪 在大雨期间，树木减缓了降水流入溪流和江河的速度，有助于防御洪水。

药物 很多药物是从雨林植物中提取，或者是以雨林植物中的物质为基础研发的。

生物多样性 陆地上80%的生物生活在森林中，生命形式的丰富程度被称为生物多样性。

人口 全世界大约有3亿人生活在森林里，另外还有更多的人依靠森林提供工作和食物。

保护 动植物

许多种类的动植物都受到人类活动的威胁，比如森林砍伐、狩猎、污染、气候变化和疾病。我们必须马上行动，保护这些动植物，确保它们不会灭绝。我们有很多举措可以保护濒危物种。

人工繁育

我们可以通过圈养繁殖，帮助那些难以在野外生存的动物。生活在东亚地区的远东豹的野外种群命悬一线。现在，有一些动物园正在饲养它们，希望有一天它们能回到自然家园。

远东豹幼崽

保护海洋

如果把过度捕捞的海域设立成保护区，那里的鱼类数量就会恢复。位于智利海岸边的复活节岛海洋保护区，保护了地球上其他地方没有的140多种海洋生物。

灭绝

由于森林砍伐、栖息地的破坏和狩猎，许多动物的生存空间越来越小。如果我们不保护它们及其家园，这些动物很快就会灭绝，就像渡渡鸟一样。

渡渡鸟

生态旅游

到濒危动物的栖息地去旅行，称为生态旅游。生态旅游能为当地政府带来资金，帮助保护野生动物。旅游者要小心，不要对自然环境造成任何伤害。他们必须走小路，不能太接近野生动物。

保护森林

保护森林最好的办法，就是设立保护区。2017年巴布亚新几内亚设立了马那加拉斯自然保护区，保护3600平方千米的原始森林。

一旦某个栖息地的某种动物灭绝，重新回到这片栖息地会困难重重。然而，2006年河狸被再次引入英国苏格兰地区，它们适应得很好！

犀牛角

在世界各地，人们杀害某些动物只是为了得到它们身体的某个部分。犀牛角是传统医学使用的药材，因而犀牛惨遭猎杀。在一些保护区，犀牛的角被预先锯掉，这样偷猎者就不会再打它们的主意了。

黑犀牛

南非的一头犀牛被锯掉犀牛角，好让盗猎者觉得它"毫无价值"。

包括海豚在内的许多美丽的海洋生物，会因渔网而受伤或死亡。2017年墨西哥禁止使用流刺网，这种渔网严重威胁到了小头鼠海豚的生存。

小头鼠海豚

禁猎令

世界上有些地区，狩猎依然是一项"好玩"的运动。灰熊便是这项运动的目标之一。2017年加拿大不列颠哥伦比亚省公布禁猎令，严禁为肉食或娱乐而猎杀灰熊。

灰熊是"基石物种"——它们对所在生态系统具有重要的影响。

可再生能源

如果没有供暖和电力，我们的生活不会像今天这样舒适。为了提供这些能源，我们正往往耗尽化石燃料，已无法负担更多。但是，有一类永远不会耗尽的能源，称为可再生能源！

地球大气层中的温室气体，让地球保持温暖。燃烧化石燃料的时候，会释放大量的温室气体。

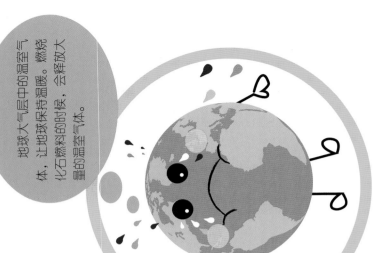

生物量

植物可以用作燃料。农作物、食物残渣、木材和废弃物都可以燃烧产生能源。

太阳能

太阳能可以用来加热水和发电。可以通过太阳能电池板收集太阳能。

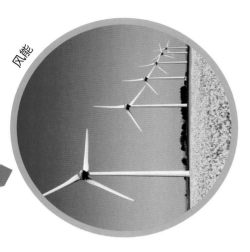

风能

风能是通过风涡轮机收集的。风吹动涡轮机的叶片，启动发电机，把风能转化为电能。

地热能

地下深处的岩石和水都是炽热的，地热能可以用于发电。

水电能

水力发电利用了流水的能量。建造水坝是为了引导河水，使其驱动发电机。

新技术

科学家正致力于开发不会破坏地球环境的新能源。

使用可再生能源，意味着更干净的空气和人们更健康的肺。

人体供暖的建筑物。

我们的体温居然可以用来给建筑物供暖！在业务繁忙的建筑物中，通过通风口收集人的体温，然后加热管道中的水，最后再用于建筑物供暖。

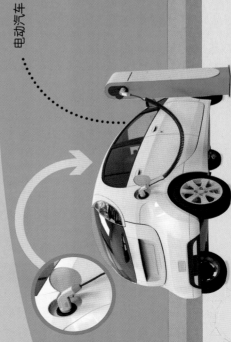

电动汽车

产能人行道

特殊的人行道可以产生能量！当行人在人行道上行走时，能够按压下面铺设的机器，产生能量，用于路灯照明等用途。

汽车的动力可以用电能取代燃油，而汽油、柴油等燃油都属于矿化石燃料。

节能住宅

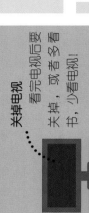

太阳能电池板将太阳能转化为电能。

太阳能电池板

太阳能充电器
家用电器可以利用太阳能充电。

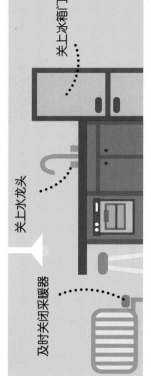

关上窗户
住宅里的很多热量是通过窗户散失的。

缩短淋浴时间

关上冰箱门

关上水龙头

及时关闭采暖器

关掉电视
看完电视后要关掉，或者少看书，少看电视！

人离开房间要及时关灯

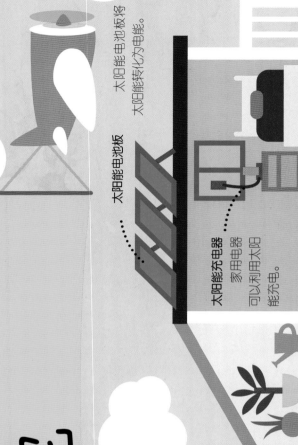

很多住宅面临着各种环保问题：散失热量，浪费水，或使用过多的电力。节能住宅则很少浪费，甚至完全不浪费！这里的热能和电能通常不使用化石燃料。在那些没有进行特别节能设计的住宅中，也有很多举措可以避免能源浪费。

地球之舟
这些建筑自己提供能源，收集雨水作为水源。

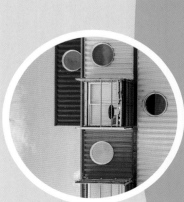

集装箱
装运货物的集装箱可以改装成住宅。

这样的窗户可以以减少热量散失。

节能灯泡
比普通灯泡耗能更少，因此花费也更少。

墙内绝缘材料
热量可以通过墙壁散失。在墙壁中填充特殊的绝缘材料，有助于保持室温。

智能仪表
这个装置可以让人们记录使用的能量。

洗衣机
洗衣机可以用冷水或热水洗衣服，冷水档更节约能源。

可再生能源约占全世界能源的 18%。

泥土可以用来建造生态建筑！

生态建筑

生态建筑通常是用再利用材料或者天然材料建造而成的，对环境的影响很小。生态建筑的绝缘性和密封性很好，有利于保持温度。电力来自可再生能源，比如太阳能。

零碳建筑

不产生二氧化碳的建筑被称为"零碳"建筑。

稻草房

成捆的稻草可以用来建造房屋，成本十分低廉。

生活垃圾

日常生活中做的每件事几乎都会造成浪费。 从吃剩的食物、用坏的东西，到商品包装和旧衣服，我们经常扔掉那些可以修补或重复使用的东西。如果垃圾经过回收利用，就能制成新的东西。不过，有很多东西不能回收。

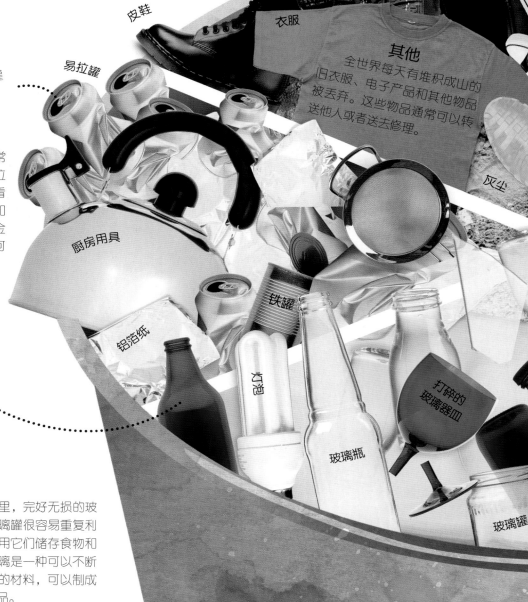

只有不到 **5%** 的鞋子被回收利用了。

橡胶轮胎

计算器

皮鞋

衣服

其他
全世界每天有堆积成山的旧衣服、电子产品和其他物品被丢弃。这些物品通常可以转送他人或者送去修理。

每年有 **200亿个** 被丢弃的易拉罐

易拉罐

灰尘

金属
金属的用途非常广泛，从水壶到易拉罐，几乎到处都能看见金属的身影。钢和铝是最常见的家用金属。所有的金属都可以被回收利用。

厨房用具

铁罐

铝箔纸

在芬兰，**90%** 的玻璃都被回收利用。

灯泡

打碎的玻璃器皿

塑料瓶

玻璃瓶

玻璃
在家里，完好无损的玻璃瓶和玻璃罐很容易重复利用，可以用它们储存食物和饮料。玻璃是一种可以不断循环利用的材料，可以制成各种新物品。

玻璃罐

世界上有些地区的人们正在努力做到零丢弃。仔细阅读本书，看看你怎样才能减少制造垃圾！

全英国家庭每天要丢弃2400万片面包。

园艺垃圾

食物残渣

食物与花园

全世界有大量的食物被当作垃圾丢弃。园艺垃圾也被丢弃，比如剪下的植物枝条。

包装纸

硬纸板

大多数英国家庭每年丢掉大约1.3万张纸。

报纸

纸张

纸张回收已经有几千年的历史了。可惜的是，今天依然有许多纸张被丢进垃圾桶，没有被回收利用。

容器

包装

91%的塑料制品没有被回收利用。

塑料

每天有数十亿件的塑料垃圾被丢弃，有些种类的塑料可以被回收利用。但回收过程比较困难，而且塑料不能无限制回收，只能再造数次。

我们一直制造这么多的垃圾吗？

从前，人们丢弃的垃圾要比现在少得多。直到20世纪，我们才开始丢弃很多东西。是什么改变了呢？

家具

破布片

骨头

20世纪初

物品通常很昂贵，或者是自制的。旧东西可以重复使用，或者修理后接着用。只有那些确实修不好的东西才会被丢掉。

纸板包装

电器

20世纪50年代

塑料包装还没有发明，都是硬纸板包装。大多数电器都价格高昂，很少被丢弃。

塑料

衣服

今天

大多数商品采用塑料包装。由于生产成本下降，衣服和电子产品很便宜。因此，我们买的东西比以前多，扔的东西也多了起来。

垃圾去哪儿了？

当你把东西扔掉以后，它最终可能会来到世界的另一边！垃圾被扔进垃圾桶之后，便开启了一段有趣的旅程。有些垃圾依靠人力送到回收中心，有些垃圾用卡车运到垃圾填埋场。很多垃圾被回收，用于制造新的东西，或者制成肥料帮助植物生长；不能被利用的垃圾会被烧掉，或者被安全地处理掉。

一般垃圾

这类垃圾不能回收，也不能制作堆肥，一般垃圾由垃圾车运往不同的地点。

垃圾车将垃圾压实，占据空间更小。

可回收物常利用卡车运输。

可回收物

在不同的地区，可回收物垃圾箱里收集的物品不同。有些地方每类可回收物都有单独的垃圾箱；有些地方则放置的是混合可回收物垃圾箱。

有机垃圾

园艺垃圾和有些食物残渣可以制成一种棕色的混合物，称为堆肥。有机垃圾还可以通过微生物分解为气体，用于发电。

垃圾通常被运送到两类垃圾场。

垃圾焚烧厂

在垃圾焚烧厂，垃圾通过焚烧处理。燃烧的垃圾可以把水加热成水蒸气，驱动涡轮机发电。

垃圾填埋场

垃圾填埋场是用于填埋垃圾的场地，通常面积很大。

食物中的油脂会污染包装，使其不能回收利用。

回收中心

在回收中心，可回收物被分为不同的类别，并回收制成相应的产品。不可回收的物品会被送往垃圾焚烧厂或垃圾填埋场。

送往海外

2014年至2016年，英国每年要出口80万吨塑料垃圾，用于回收利用或者处置。

种植植物

堆肥可以施于农田和花园，帮助植物生长。有人专门收集有机垃圾，制作堆肥。

有害垃圾

电池等物品含有危险或有毒物质。这些垃圾要放进特殊的垃圾箱里，进行安全处理。

垃圾填埋场

垃圾分解时，会产生甲烷和二氧化碳等有害气体。

垃圾在堆放和填埋过程中产生的液体（渗滤液）含有毒物质，会污染填埋场附近的地下水。

垃圾填埋场里的食物残渣吸引了很多动物。它们可能会因误食有毒物质而中毒，或者被塑料碎片卡住。

随着人口的增长，人们的居住区越来越靠近垃圾填埋场。这可能会严重危害人体健康。

位于印度尼西亚雅加达的**班达·盖邦垃圾填埋场**

垃圾堆积成山——在称为垃圾填埋场的地方，这样的景象随处可见。很多年前，人们把垃圾扔到街上。后来，人们逐渐意识到住在垃圾堆旁对健康不利，容易引起疾病，便开始把垃圾从城市转移到垃圾填埋场。

从前

垃圾填埋场有可能会产生危险的气体，比如当氨水和漂白剂等化学物质混合在一起时就会产生有害气体。

垃圾山

以色列曾经有一个赫利亚垃圾填埋场，这是一个巨大的、散发着恶臭的地方，也被称为垃圾山。现在，这个垃圾填埋场已经变成了阿里埃勒·沙龙公园。垃圾山被一层塑料盖住，再在上面覆盖砂砾和土壤，这样植物就可以生长。其他国家现在也在改造垃圾填埋场。

现在

游客可以在公园里散步和骑自行车，参观公园里的小动物园，享受室外音乐会。

是世界上最大的垃圾填埋场之一，面积相当于**160个足球场**。

永存的塑料

塑料产品一旦被制造出来，比如塑料玩具或者塑料瓶，就会存在相当长的时间。塑料不会腐烂，只会不断碎裂成越来越小的颗粒。所以，人们要为塑料垃圾找到合适的地方存放。

塑料去哪儿了？

自从塑料被发明以来，全世界已经制造了大约83亿吨塑料。很多塑料垃圾被埋进垃圾填埋场。到目前为止，只有一小部分塑料被回收。

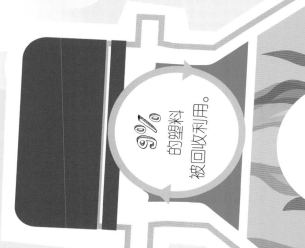

9%
的塑料
被回收利用。

12%
的塑料被焚烧。

79%
的塑料被埋在垃圾填埋场，或者被倾倒到陆地上或者海洋中。

塑料的种类

塑料有许多种类，每种都有不同的特性——从坚硬到柔软、富有弹性。我们必须确保正确处理掉它们。有些塑料不能被回收利用，还有一些只能在特殊的回收中心进行回收利用。

聚对苯二甲酸乙二醇酯（PET）

这是制作物品最常用的塑料之一。大多数水瓶和饮料瓶都含有这种塑料。PET可以回收，但不能重复使用。因为随着时间的推移，细菌会在其中滋长；而且塑料的有害成分还会逐渐渗入容器所装的内容物中。

塑料瓶。

全世界大约每秒钟卖出2万个塑料瓶，其中只有不到一半被回收利用。

聚苯乙烯 (PS)

聚苯乙烯水杯

这是一种质地轻便、容易制造的塑料，通常用来制作一次性泡沫水杯、鸡蛋盒和泡沫包装。PS很容易裂解成小碎片，常常汇集到海洋中，危害海洋生物。聚苯乙烯通常不能被回收利用，我们应应尽可能地减少使用。

聚丙烯 (PP)

一次性纸尿裤

这种塑料坚韧、轻便、耐热。常用于制作麦片盒、一次性纸尿裤、酸奶盒和膨化食品包装中的塑料衬垫。PP是可以回收的，但不是所有的回收中心都接受。回收PP制品时，最好确认一下当地的回收中心是否接收一次性纸尿裤。

我能帮上什么忙？

·用可重复使用的水瓶代替一次性塑料瓶。

·使用纸吸管和杯子及木制餐具，而不是塑料餐具。

·去超市购物时常上你自己的包包，不要用一次性塑料袋。

一次性塑料

塑料牛奶桶　　　塑料饮料瓶　　　塑料水杯

统统扔掉

除了被焚烧掉，几乎所有制造出来的塑料都存在至今。塑料不会完全分解，只会逐渐碎裂成越来越小的碎片。大约40%的塑料属于过度包装。

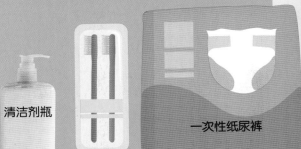

清洁剂瓶　　　　　　　一次性纸尿裤

牙刷

气球

当气球落到地面上时，常常会被野生动物误食，导致它们生病。

海龟常常会把塑料袋当成水母而误食，塑料可能会阻塞它们的消化系统。

塑料吸管

塑料餐具

保鲜膜

每年我们扔掉的塑料收集起来足够绕地球 **4** 圈。

塑料袋的平均使用时间只有 **12** 分钟。

塑料包装

我们生活在一个一次性的世界里。一半的塑料制品只用过一次就被扔掉了。这些一次性塑料垃圾的重量相当于三座帝国大厦。

可重复使用的牛奶桶

可重复使用的杯子

每天有**6000**万个一次性塑料水瓶被扔掉。

可重复使用的水瓶

环保替代品

你可以用环保型材料或可重复使用的物品取代不同种类的一次性塑料用品。分解后不会造成污染的天然物质，比如蘑菇，可以作为很好的包装材料。有人正在尝试完全不制造垃圾！

肥皂盒

可重复使用的尿裤

木制牙刷

保鲜膜是用塑料制成的，而蜂蜡纸是一个很好的替代品。

蜂蜡纸

新鲜、散放的蔬菜和水果

金属餐具

纸吸管

塑料吸管经过**200**年的时间，才会碎裂成小碎片。

蘑菇制成的包装

装在可以重复使用的容器中的意大利面

手提布袋

拯救海洋！

想象一下，在海洋中有一座座垃圾组成的岛屿。当塑料被冲到海里时，会逐渐聚集在一起，形成漂浮的垃圾堆。塑料在水中分解得非常缓慢，可能永远也不会消失。

亚洲

太平洋

早在**1989**年，人们就在海洋中发现了安全帽。

垃圾岛

海洋里的垃圾通过洋流运输，直到形成巨大的、漂浮在海面上的垃圾岛。其中最大的一座位于北太平洋，称为大太平洋垃圾带。它的面积是法国的三倍，包括了大约1.8万亿块垃圾。

被困在大太平洋垃圾带中的海龟，其**74%**的食物都是海洋中的塑料。

澳大利亚

大太平洋垃圾带里的塑料重量相当于**500架大型喷气式飞机**的重量！

北美洲

海洋环流

海水的大规模流动称为洋流。环流是进行圆周运动的洋流。垃圾被环流汇集成巨大的漩涡状垃圾带。全球海洋中有五个主要的垃圾带。

微塑料是在**20**世纪**50**年代被发现的。

在大太平洋垃圾带，几乎一半的垃圾都来自被丢弃的渔网。

微塑料

海洋中的塑料从未完全消失，只是逐渐碎裂成更小的碎片。小于5毫米的塑料称为微塑料。鱼类和鸟类常常误把这些微塑料当作食物吃掉。

清洁海洋

从吸管到漏气的足球，每年大约有三分之一的塑料最终流入海洋。科学家、政府和普通民众都在努力解决这个问题。

带走三件垃圾

每当你离开一片海滩时，记得带走三件垃圾。这是一个海洋清洁项目。可回收垃圾一定要回收利用哦！

海滩清洁日

在每年九月中旬的国际海滩清洁日，有100多个国家的志愿者参加海滩清洁活动。

世界上最大的清洁活动

历史上最大的海滩清洁活动发生在印度孟买的维苏瓦海滩。在三年时间里，上千位志愿者成功地从海滩上清理了1万吨的垃圾。

从前

现在

海洋清洁机

"海洋净化"组织（Ocean Cleanup）的塑料收集系统是全世界第一台海洋清洁机。它的设计目标，是在五年内清除大太平洋垃圾带50％的垃圾。它会把塑料垃圾收集起来，这样就可以用网把它们运走，加以回收利用。

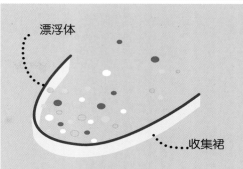

漂浮体

收集裙

一个U形的漂浮体漂浮在海面上，一条巨大的"收集裙"固定在漂浮体上，位于海面之下。这个塑料收集系统缓慢地向前移动，收集塑料垃圾。

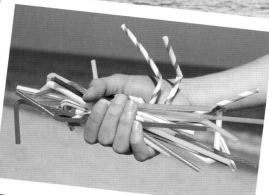

两分钟海滩清洁

下次你在海滩上玩儿的时候，花两分钟时间收集尽可能多的垃圾。这也是一个海洋清洁项目。

阻止海洋垃圾

大约80％的海洋塑料来自陆地。为了阻止垃圾进入海洋，以下是你可以做的事情。

掉进河里的垃圾，会随着水流进入海洋。不乱扔垃圾，把垃圾装在垃圾袋里，可以防止这种情况发生。

从马桶冲下来的湿纸巾，最后可能会进入海洋中。可以用能自然分解的纸巾代替。

堆放在垃圾填埋场的废物可能会随雨水进入河流中。减少塑料的使用，尽可能进行回收利用，都是有所帮助的！

制定你自己的清洁项目！

清洁工作可以展现出我们制造了多少垃圾。你可以把亲朋好友聚在一起，制定你自己的清洁项目，帮助传播有关减少垃圾的信息。

每天大约有6800万吨垃圾被丢弃。

减少垃圾排放
请做到这三点：

1 减少购买

减少垃圾的最好办法就是少买东西。去超市时带一个手提布袋，不要用一次性塑料袋。买散装的蔬菜和水果，避免过度包装的塑料包装。

2 重复使用

你能做的第二件重要的事情就是重复利用，而不是只使用一次。试一试手工制品，找到旧东西的新用途。例如：瓶瓶罐罐是很好的储藏容器，而彩色纸张可以用来包装礼物。

3 回收利用

几乎所有的东西都能循环利用，尽你所能回收吧！塑料特别难以回收，因此要用环保型物品替代塑料制品。比如，用可以回收的纸袋，代替不能回收的塑料袋。

有些人正在努力尝试"零垃圾"的生活。其中有人生活一年产生的垃圾可以装进一个果酱罐里！

环境专家表示，家中不能重复利用的废物应该被回收利用。这些废物被制成新的物品，节省了新材料的使用。然而，并非所有的废物都是可回收的。

制造1吨报纸需要24棵树。

便便获得新生！

回收的垃圾可能做成了你最意想不到的物品。从自行车轮胎到笔记本，你的东西有可能是用旧勺子甚至便便制成的！

塑料瓶

玻璃罐

金属勺子

口香糖

硬纸板

大象粪便

笔记本

抓绒夹克

卫生纸

自行车架

轮胎

人造草皮

日本是有文字记录以来第一个回收纸张的国家。早在**公元1031年，**

德国是全世界垃圾回收利用率最高的国家。

回收利用率前五名的国家和地区，回收了全世界超过一半的垃圾。

垃圾回收利用率

德国	澳大利亚	韩国	威尔士	瑞士
56.1%	53.8%	53.7%	52.2%	49.7%

细菌吃塑料

塑料只能回收利用数次，因为每一次回收再利用都会降低塑料的质量。不过，科学家可能已经找到了一种方法，分解最终剩下的塑料。2016年，人们发现了一种细菌——大阪伊德代杆菌（*Ideonella sakaiensis*），它们能够吃掉通常用于制作一次性瓶子的塑料。这种细菌能够分解塑料，用于自身生长。

德国开创历史

1991年，德国成为世界上第一个规定产品包装必须为回收利用品的国家。

禁塑令

美国加利福尼亚州于2015年颁布了法令，禁止商店使用一次性塑料袋。这是美国第一个颁布该法令的州。

不可回收

许多日常物品不能回收利用，包括膨化食品包装袋、保鲜膜和某些类型的塑料。带有食物污渍的物品也是不能被回收的。

回收纸张

每年有数百万棵树木被砍伐，用来制造书籍、报纸、杂志和绘画或印刷用纸。回收纸张可以保护树木。

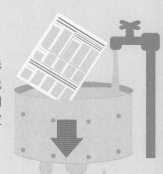

1 纸张与水混合形成纸浆。这是脱墨的第一步，在此期间，所有油墨都会被除去。

2 纸浆通过清洁筛，去除其中的污渍，比如油墨。

3 空气泵入，油墨附着在气泡上，浮到顶部，然后被抽走。

4 纸浆再次通过过滤筛，除去胶水、订书钉等杂质。

5 纸浆被漂白，然后压成薄片，风干，最后切成适当的大小。

所有的纸张都被**回收**，再造成新的纸张。

用得越多, 丢得越少

虽然回收利用是件好事，但是把废物转化成新物品的过程仍然需要能量。还有一种更环保，也更有趣的做法——重新利用你的旧东西，把它们变成令人兴奋的新物品。这称为升级循环，它的可能性是无限的！

在扔掉东西之前，好好想一想，**再利用一下！**

旧塑料瓶可以变成很多有用的东西，比如鸟食器、花盆和漏斗。

在中世纪时期，铠甲可以被重复使用好几百年！

重复利用的好方法就是购买二手物品，可以在当地的二手市场或者慈善商店里买到。

你可以开个交换店，和你的朋友们交换衣服。免费改头换面怎么样！

42

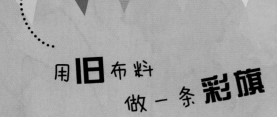

用旧布料做一条彩旗

玻璃罐的新生

果酱罐和其他玻璃罐可以用作笔筒，放置钢笔和其他文具。你也可以把它们当作饮用玻璃杯，或者在上面涂上玻璃颜料，做成色彩缤纷的烛台。

印花包装纸

用剩的纸张或旧衣服可以做成包装纸。用印章在纸或布上印花——你甚至可以用旧海绵或土豆自制印章。

设计你自己的包装纸，为礼物增添特别的感觉。

包装好的礼物

代替购买

需要一个手提袋吗？别扔掉你的旧T恤衫！按照这些简单易行的步骤，制作一个引人注目的手提布袋吧。

所需材料：剪刀，一件旧T恤衫

使用剪刀的时候千万要小心。请一位成年人来剪开T恤衫。

1 将T恤衫翻过来，把袖子剪掉，在脖子部位剪一个椭圆形的区域。

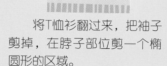

2 在T恤衫底部，剪一圈5厘米长、2厘米宽的布条。

3

4

缝一些装饰品。

再次翻过来，袋子就做好了。

将前后的布条打双结固定。

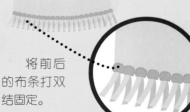

缝纫技术

过去的人们需要充分利用一切物品。很多人都会针线活儿，可以自己缝缝补补。

从 垃圾 ……

　　也许你觉得已经用完了某件物品，但它其实依然可以发挥作用。有些人发现了重新利用垃圾的新方法。巴拉圭的卡特乌拉社区坐落在全国最大的垃圾填埋场附近。社区居民组建了一支管弦乐队，用从垃圾填埋场找到的乐器演奏。

你能帮什么忙？**想一想更有创意的做法吧！** 为什么不把你的垃圾变成宝藏呢？

到宝藏

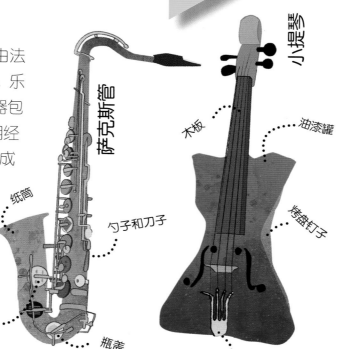

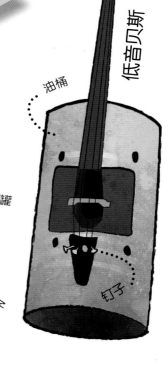

意大利面条机

低音贝斯

油桶

小提琴

木板

油漆罐

烤盘钉子

萨克斯管

纸筒

勺子和刀子

扣子

瓶盖

叉子

钉子

回收乐队

卡特乌拉回收管弦乐队是由法维奥·查韦斯于2006年创立的。乐队由30个孩子组成，他们的乐器包括小提琴、萨克斯管和鼓，是用经过改造和组装的废旧乐器制成的。在这个乐队的激励下，巴西、厄瓜多尔、巴拿马和布隆迪都出现了类似的环保乐团。

"世界给我们垃圾，我们回赠以音乐。" 法维奥·查韦斯

旧叉子

旧罐头瓶

木板

这支管弦乐队在世界各地巡演。带给孩子们新的经历，激励他们学习，让他们有机会改变自己的未来。

用袜子做一个手偶，用纸板箱**做**一套机器人服装。

电子垃圾

想一想你最喜欢的电子产品。如果你的智能手机或者平板电脑坏掉怎么办？电子垃圾是指被丢弃的电子产品。我们更新换代的电子产品越多，制造的电子垃圾就越多。

电子垃圾类别

电子垃圾种类繁多，从个人物品如手表、手机，到冰箱、冰柜等大型电器。它们不能被扔进普通的回收垃圾箱，通常需要被送到专业的回收中心。

有害垃圾

有些电子设备中含有有害物质，比如某些电池中含有汞。

妥善处理

不要将附有"电子电气设备废物"（WEEE）标志的物品扔进普通的垃圾箱。

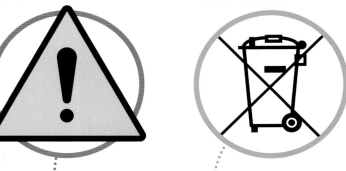

我该怎么处理它？

制造电子产品需要消耗很多能量。如果我们用完了就把它们扔掉，这些能量都会被浪费掉。

送出

如果你有了新的电子设备，但是原来的旧设备还能用，把旧设备送给需要的人。

修理

如果一个电子设备坏掉了，试着修好它。比如，换一个新屏幕就能让你的笔记本电脑焕然一新。

手机屏幕一般是用玻璃做的，如果手机屏幕被摔裂了，通常可以换一块新屏幕。

玻璃

铜

铜常用于制作电线。铜质电线可供回收利用。

我的平板电脑里有什么？

平板电脑的构造非常复杂。其中含有少量的各种贵金属，以及稀有元素如钇和钆。这些材料很难获得和再利用，因此我们不能轻易扔掉它们。

硅片

硅片可以回收利用，用于太阳能电池板。

电池通常是由金属锂制成的。虽然可以回收利用，但这样做成本高昂。

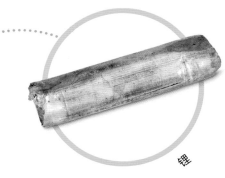

锂

塑料外壳

塑料外壳可以保护你的平板电脑，但这些材料很难回收。

回收

如果电子设备无法修复，可以把它送到专门的回收中心，在那里它会被拆解成各种零件，用来制造新的电子产品。

矿物开采

用于制造平板电脑和手机的许多原材料很难开采，也很危险。锂矿是污染水源和杀死鱼类的罪魁祸首。当人们争夺贵重矿场的开采权时，甚至会引发战争。

食品垃圾

全世界有上亿人口都在努力寻找足够的食物填饱肚子。然而在许多国家，近三分之一的食物都被当作垃圾丢弃了。如果把我们丢掉的食物送给需要的人，那么全世界每个人都会有足够的食物。

世界上每**9**个人中就有**1**个人长期处于饥饿状态。

20%
的乳制品被丢弃。

20%
的肉类被丢弃。

30%
的谷物被丢弃。

30%
的鱼类和其他水产品被丢弃。

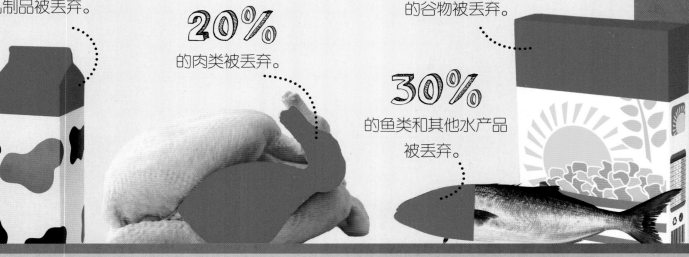

英国大约**45%**的生菜都被丢弃了。

食品垃圾的产生环节

食物离开农场后，需要经过多重环节，才能到达我们的餐桌上。从收割、储存，到加工，再到流通，食物在送到我们手里之前，有很多个环节都会产生损耗。

8%
在采集食物的过程中，农业机械会破坏水果和蔬菜。农作物也可能受到昆虫和疾病的侵袭。

8%
不良的储存或运输条件会造成肉类和农作物损失。一些肉用动物死于疾病，导致不能安全食用。

1.5%
当生鲜食材被加工成食品如罐头和果汁时，有一部分食物会在切片、剥皮和煮沸等过程中损失。

浪费资源

生产食物需要大量的水、能源和农田。当食物被浪费的时候，所有的水和能量也被浪费了。如果把全世界用来种植未被食用的食物的农田加起来，会和中国的国土面积一样大。

20%
的豆类被丢弃。

45%
的水果和蔬菜被丢弃。

差不多快有一半了！

在许多国家，大多数食品垃圾是在家里产生的。少买一些，少做一些，不要在盘子里放太多你吃不掉的食物！

4%
食物有时会撒在货车里。商店会把过期的食品扔掉。

11.5%
在家庭、学校、餐馆和医院，有很多没吃完的食物留在盘子里，然后被扔掉。

光盘行动！

你有没有把过多的食物放在盘子里，因为吃不完就扔掉了？ 在许多国家，家庭产生的食品垃圾占所有食品垃圾的一半以上。人们经常购买过多的食物，在吃完之前就变质了。但是，我们可以做很多事情来减少食物浪费。

散装的蔬果

水果和蔬菜通常是成包出售的，因此人们常常买的比需要的多。如果购买散装的蔬果，就不会浪费。

奇形怪状

过去，很多超市只接受形状规整漂亮的水果和蔬菜。现在有时候可以买到奇形怪状的蔬果，价格便宜，味道也一样好。

用过的油

用过的食用油可以制成生物柴油，许多城市的公交车都使用这种燃料。

咖啡渣

喝完咖啡剩下的咖啡渣可以放在冰箱里或者房间的角落里，用来祛味。

香蕉面包

熟透的香蕉

有些人不喜欢吃表皮变成褐色的香蕉，其实这种熟透的香蕉用来做香蕉面包或香蕉冰激凌再好不过了。

剩饭剩菜

剩下的食物可以放入冰箱的冷藏室里，在没有变质的情况下尽快吃完。

在有些国家，人们用来自餐馆等的剩饭剩菜饲养动物。然而，未煮熟的食物可能会导致动物疾病传播。现在很多国家已经禁止这种饲养形式。

适量进食

如果吃不完，不要拿取太多食物。饮食过量对身体也不好。

最佳食用期
XX-XX-XX

食品日期

食品包装上的保质期指的是，在此期间食用是安全的。不过也有些食品会标注最佳食用期，在此日期之内食用味道最好，但是只要食品没有变质，即使是在最佳食用期之外也是可以食用的，但要清洗干净，并充分煮熟。

为了消耗掉不够新鲜的面包，可以做烤吐司！

陈面包

如果不新鲜的面包没有变质，可以用来制作面包屑。这是油炸食品、香肠等的重要配料。

慈善物资

家里吃不完的罐头和其他保质时间长的食物，可以通过慈善机构捐助给需要帮助的人们。

面包屑

香肠

废水

想象一下，如果我们没有干净的水，世界会是什么样子。我们必须喝水才能生存。但是，水不仅仅是用来饮用的，还可以用于制造产品等许多用途。污水可以净化后再利用，但这个过程需要消耗能源。节约用水能确保我们拥有足够的水！

一个水龙头每分钟可以流出多达12升的水。在刷牙和洗脸时，不用水的时候记得把水龙头关掉。

马桶每一次冲水要用掉6升水。如果马桶上有大小冲水按钮，小按钮用水量更少。

水是我们最宝贵的资源之一。地球上的总水量是一定的，世界上许多地方的人们没有足够的水喝。

过多的藻类会阻挡阳光，危害其他水生植物。

污水

厕所和厨房水槽产生的污水通常被送入特殊的污水处理中心。如果未经处理的污水流进河流中，会带来严重的污染及引发疾病。污水也会改变自然水体的水质，导致大量水藻疯长。如果你家附近的河流受到了污染，你可以向政府部门写信或发邮件、打电话等反映情况。

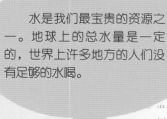

我们用大约80%的水来生产粮食。如果存在食物浪费，就需要更多的水来种植更多的作物。

一头肉用牛
每天的饮水量
是一个人每天饮水量的
15倍!

享受一次泡泡浴要用掉80升水。快速淋浴用水量会少一些。

新汽车在喷漆之前要在巨大的水池中清洗。

工厂用水

工厂需要用水来稀释溶液、洗涤产品和冷却机器。水也被用于制造各种各样的产品，比如衣服、食品和纸张。为了生产我们需要的产品，必须确保有足够的水。

美国多达
60%
的本地供水都用来浇灌草坪了。集雨桶可以收集雨水来浇水。

水力发电厂利用水坝发电。

能量

流动的水具有大量的能量，这些能量可以转化为电能。波浪、潮汐和经过大坝的河水都可以用来发电。挪威90%的电力来自水力发电。

九分之一
的人缺少安全的饮用水。慈善机构募集款项来建造水井，为人们提供安全的饮用水。

便便
去哪里了？

我们每个人都会拉便便！这是生活的一部分。在自然界中，便便会被微小的无脊椎动物分解，帮助新的植物生长。但是，我们需要把房间里、社区里、城市里的便便都清理干净！

冲厕所

当你冲厕所的时候，你的便便会被冲进一个充满污水（水、尿和便便）的大管道里。

污水流走

有害细菌

地沟油块

地沟油块是下水道里由油脂等组成的垃圾块。里面包含有各种不容易分解的垃圾，比如烹饪用油和湿纸巾。

棉棒

纸尿裤

三分之一

的人没有干净卫生的厕所可供使用。

动物粪便！

宠物也会拉便便！作为主人，我们有责任处理它们的便便，这样做才不会传播疾病，也不会把我们的家里弄得臭烘烘的。

狗狗粪便

狗狗的便便会对人类和其他动物造成危险。要用可生物降解的便袋收集起来，然后扔进特殊的狗屎垃圾箱里。

去除垃圾

污水被送入污水处理厂进行处理。首先，污水要经过一个巨大的筛子，将大块垃圾分离出去，比如纸尿裤和棉棒。

污水处理厂

本不应该被冲入下水道的东西被清理掉，比如纸尿裤 ——但是像砖头和瓶子这样的东西居然经常在下水道里被发现！

污水处理池

有益细菌

净化水质

水流入下一个水池时，通过一层沙床进行过滤，所有有益细菌沉入池底。池底的物质称为活性污泥。

活性污泥

去除粪便

下一步，将污水储存在一个大池子里，粪便沉淀在池底，然后被除去。空气被泵入水池，帮助有益细菌生长，杀死有害细菌。

活性污泥

干净的水流入河流或者直接流入大海。

污泥处理

污水处理剩下的污泥大部分被制成农业肥料。不过，污泥还可以燃烧产生热量、发电或者产生可燃气体。

猫咪粪便

猫咪在猫砂盆里拉便便。猫砂是用黏土或硅石制成的，会对环境造成很严重的影响。所以，为什么不试试用可回收的报纸代替呢？

自然界中的粪便

许多昆虫需要粪便才能生存！有些昆虫，比如屎壳郎，以粪便为食。屎壳郎甚至把卵产在粪球里！

在有些国家，比如美国，人们把鸡粪当作一种廉价的牛饲料。

建筑工地

建造和拆除建筑物会产生大量的建筑垃圾。其中大部分来源于建筑材料，比如砖、混凝土、木材和瓷砖。

工厂

当工厂制造产品（比如玩具或家具）时，会产生大量的废物。其中包括酸、漂白剂、金属、肥料，以及污水。

垃圾世界

垃圾不仅仅来自我们的家里，大量的垃圾来自工厂和医院。这些废弃物大部分被回收、焚烧或者送到垃圾填埋场。然而，其中一些垃圾必须以非常特殊的方式来处理，以确保它不会对人类、其他动物或环境造成危害。

发电厂和化工厂

产生电能的发电厂和制造化学品的化工厂会产生危险的废料，如核废料。这些危险的垃圾必须小心处理，以免对人和其他动物造成伤害。

农业、林业和渔业

当农作物收获时，不能利用的部分就会成为垃圾，如稻壳、棉花秆和椰子壳。

采矿业

人们常常要挖掘大量的岩石，才能获取极少量有价值的矿物，如黄金和煤炭。矿石被开采之后，会留下大量的废石。

城市清洁

城市的保洁工作会产生垃圾。这些垃圾包罗万象，从清扫街道产生的垃圾，到公园修剪草坪和树木产生的草叶和枝条。

医疗机构

医院和诊所会产生医疗垃圾，其中包括药物、外科手术用具，甚至人体器官！

商店

商店产生的垃圾，主要来自商品在运输和销售过程中的包装。

全世界
10%
的垃圾来自家庭。

90%
的垃圾来自
其他地方。

时 尚

我们几乎不在意我们的衣服是怎么制作的，或者衣服变旧、破损了该怎么办。每天有数以百万计的衣服被丢弃，其实，这些衣服可以转送给需要的人，也可以回收利用。用来制作衣服的原材料和染料对环境也有害。

制作一件棉衬衫需要消耗3182升水。

人造纤维

聚酯纤维是一种很常见的服装面料。它会分裂成一种称为微塑料的塑料碎片，污染海洋。

皮草

皮草衣物是用动物的毛皮制成的，比如狐狸等动物。

皮革

皮革是用动物皮制成的。人们使用有害环境的化学物质和矿物质将动物皮鞣制成皮革。

化工物质

鲜艳的染料常常是用有毒的化学物质制成的。这些有毒物质可能从工厂泄漏到河流里。

鞋子可能需要1000年才能降解。

女孩的颜色，还是男孩的颜色？

大多数人觉得有些颜色属于女孩，另一些则属于男孩。比如，粉红色的上衣更可能是女孩穿的，而不是给男孩的。

快时尚

如今，大多数衣服都是在有几百名工人的大型工厂里制造的，然后运输到商店里。生产衣服快捷又便宜，所以衣服的价格很低。

环保型时尚

像牛仔裤这样的服装可以用天然材料和染料制成，这些材料在环境中能够自然分解。

紧跟潮流

许多人为了追逐时尚的潮流，购买的衣服数量远远超出实际需要。

超过50万块弹珠大小或更大的垃圾，围绕着地球运行。

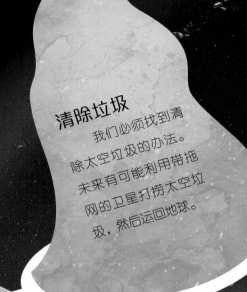

清除垃圾
我们必须找到清除太空垃圾的办法。未来有可能利用带拖网的卫星打捞太空垃圾，然后运回地球。

2017年，记录在册的太空垃圾差点击中其他物体的次数为308984次。太空垃圾越多，未来的太空旅行就越危险。

太空垃圾

不是只有地球上才有垃圾。我们已经把垃圾带到太空中了！成千上万的人造垃圾围绕地球旋转，从旧卫星、掉落的宇航员手套，到飞船的油漆碎片。这些太空垃圾的速度比子弹快10倍，能对宇宙飞船造成巨大的危害。

大型垃圾

更大的垃圾，比如废弃的运载火箭，必须进行记录和追踪，以便让航天器能够避开它们。2018年有超过2万件大型垃圾被追踪。

国际空间站

巨大的国际空间站（ISS）每年必须绕开太空垃圾一次。随着太空垃圾日益增多，国际空间站可能需要进行更多复杂的躲避操作。

小型垃圾

数以百万计的太空垃圾小到无法被追踪，它们以每小时28163千米的速度运行！照这样的速度，甚至弹珠大小的碎片都能击穿宇宙飞船。

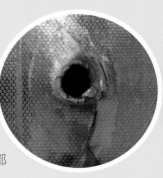

未来的星球

2018年，全球大约有76亿人口。到2050年，将拥有近100亿人口。这些人将生活在什么样的世界里，取决于我们现在的决定。是改变我们的习惯，开始清理已经造成的混乱，还是继续我们的生活方式，让地球陷入危机？

塑料

预计到2021年，我们每年要扔掉一万亿个塑料瓶。如果把这些瓶子首尾相连，足够往返月球和地球！

海洋

用海藻做成的包装可以用来代替塑料，而且对误食它的鱼类也没有危害。

垃圾星球

如果我们继续以现在的速度向垃圾填埋场堆放垃圾，它们会比埃及的金字塔还要高。想象一下游客们环游世界，游览一堆堆的垃圾山的情景！

乱砍滥伐

如果我们继续以现在的速度砍伐森林，100年后地球上的森林将被砍伐殆尽。一些世界上最美丽、最奇异的生物可能会永远消失。

到**2050**年，海洋中的塑料垃圾会比鱼类还多。

我们每制造1吨的污染物，就会有大约3平方米的北极冰盖融化。

未来垃圾

现在改变我们的行为还不算晚。垃圾处理技术一直在发展，科学家和工程师总在想出新的方法来帮助我们减少和回收垃圾。

智能冰箱　你的冰箱会告诉你何时必须吃完什么食物，这样就不会浪费了。它甚至还可以给你推荐一个菜谱！

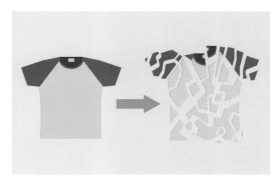

可降解衣物　由大麻和亚麻等天然纤维制成的衣服可以天然降解。如果这类衣服穿旧穿破了，可以用来制成堆肥。

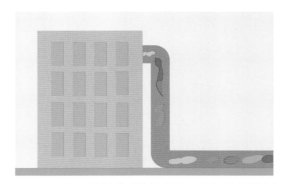

垃圾槽　特别设计的垃圾槽可以把垃圾从家里或者办公室一路运到垃圾分拣中心，这样我们就不需要会造成环境污染的垃圾车了。

冰川融化

如果气温继续上升，会有更多的北极冰盖融化，许多地势较低的国家，比如马尔代夫，将会被海水淹没。

电子垃圾

尽管笔记本电脑和手机里只含有极少量的黄金，但是从2018年到2078年，我们预计生产的电子产品中的黄金，足够建成一座坚固的"埃菲尔金塔"。

从2018年至2025年，仅仅8年时间我们制造的塑料预计与整个20世纪的制造量差不多。

能源

地球的化石燃料总有一天会耗尽。这意味着我们将不得不依赖其他能源，比如可再生能源。

与学校沟通

把你的想法告诉老师，帮助学校减少垃圾。纸张和卡片既可以再制作成手工艺品，也可以回收再利用。你可以在学校建立一个堆肥场，或者设立一个旧衣服交换商店。你甚至可以举行一次有关环保的当众演讲。

给当地政府发邮件

政府机构可以制定有关垃圾问题的法律，比如在商店里禁止使用免费塑料袋（中国已于2008年6月1日起实行限塑令）。你可以给当地政府写信或者发邮件，请他们通过制定法律来保护环境。

你有
能力
改变
现状

"零塑料" 家庭

用一个星期把你家里所有的塑料垃圾收集起来。仔细检查每一样东西，想一想你是否可以用不含塑料的物品来代替它。你还可以与亲朋好友交换物品，减少浪费，努力成为一个"零塑料"家庭！

设立垃圾清理日

组织一个清理小分队，然后选择一个公共场所如海滩或公园，收集尽可能多的垃圾。团队一起行动，去寻找最奇怪的垃圾，但是一定要避免尖锐或危险的东西！请一位成年人把你们找到的垃圾安全地处理掉。

发现更多……

下面是有关环保组织和慈善机构的列表名单，可以给你提供更多的信息。

抗击微珠（Beat the Microbead）

www.beatthemicrobead.org

鼓励人们避免使用含有微塑料的产品。有一款app让你可以扫描某个商品，检查其中是否含有微塑料。

公平共享（FareShare）

www.fareshare.org.uk

英国最大的食物慈善组织，旨在对抗饥饿和粮食浪费，重新分配剩余的食物给需要的人。

菲德拉（Fidra）

www.fidra.org.uk

苏格兰的一个慈善机构，鼓励人们保护环境，提高人们对塑料垃圾（尤其是在海滩上的塑料垃圾）危害的认识。

食物方面（Foodwise）

www.foodwise.com.au/

由澳大利亚环保组织"做点什么！"（Do Something）发起的一项运动，为人们提供如何减少食物浪费的建议和信息。

免费捐赠（Freecycle）

www.freecycle.org

这个非营利组织鼓励人们把不需要但是还不至于扔掉的物品送人，以减少送往垃圾填埋场的废品。

海洋保护协会（Marine Conservation Society）

www.mcsuk.org

一个致力于保护英国海洋和海岸线的组织，主导清理行动，并与渔民合作寻找可持续的捕鱼方式。

地球之友（Friends of the Earth）

www.foe.org

来自75个不同国家的慈善团体，共同致力于保护环境事业。

清洁英国（Keep Britain Tidy）

www.keepbritaintidy.org/home

一个独立的慈善机构，通过与企业和组织合作，努力清除垃圾，减少浪费，保持公共场所的整洁。

重新装满（Refill）

www.refill.org.uk

一款app可以帮助你找到参与其中的企业，比如咖啡馆和餐馆，在那里你可以免费装满你的水瓶，而不是买一瓶塑料瓶装水。

树木援助（Tree Aid）

www.treeaid.org.uk

一个在非洲种植树木的慈善机构，旨在支持贫穷的社区改善环境，并为生活在那里的人们提供教育和技能培训。

英国废物援助协会（Waste Aid Uk）

www.wasteaid.org.uk

一个独立的慈善机构，提供关于如何在垃圾填埋场越来越大的国家减少和管理废物的建议和信息。

世界自然基金会（World Wildlife Fund）

www.worldwildlife.org

致力于保护世界生物多样性及生物的生存环境的独立性非政府环境保护组织，其所有的努力都是在减少人类对这些生物及其生存环境的影响。

中国环境文化促进会（CECPA）

www.tt65.net

促进会本着"弘扬生态文明、传播环境文化"的宗旨，促进环境文化交流与合作，提高公众环境意识，推动环保公众参与，广泛联系社会各界知名人士，开展各种社会活动。

牛奶递送（Milk delivery）

www.findmeamilkman.net

帮助你找到当地的送货上门服务，将玻璃瓶装的牛奶送到你家门口，以减少塑料牛奶盒的使用。

回收更多（Recycle-more）

www.recycle-more.co.uk/home

鼓励人们回收利用，教人们如何回收，告诉你能做些什么。

中华环保联合会（ACEF）

www.acef.com.cn

团结、凝聚各社团组织以及各方面的力量，促进中国环境事业发展；确立中国环保社团应有的国际地位，参加双边、多边与环境相关的国际民间交流与合作，推动全人类环境事业的进步与发展。

自然之友（Friends of Nature）

www.fon.org.cn

中国成立最早的全国性民间环保组织。通过环境教育、家庭节能等方式，重建人与自然的连结，守护珍贵的生态环境，推动越来越多绿色公民的出现与成长。

山岳协会（Sierra Club）

www.sierraclub.org/home

旨在保护美国的自然环境和公共土地免受污染和破坏的环境组织。

抗污水冲浪者（Surfers Against Sewage）

www.sas.org.uk

一个英国的环保机构，致力于保护海岸线和海洋生物免受污染，因为这些污染也会危害冲浪者的健康。

中华环境保护基金会（CEPF）

www.cepf.org.cn

宗旨是"取之于民、用之于民，保护环境、造福人类"，围绕国家环境保护中心工作，开展系列保护环境、惠及民生、促进和谐的环保公益活动。

北京地球村（Global Village of Beijing）

践行以乐和社区与乐和家园为特色的城乡生态社区建设，提供环境教育服务和乐和社工的技能培训，营造以关爱留守儿童、建设农村社区为内容的"乐和之家"。

术语表

细菌
（bacteria）

　　地球上任何地方都可能找到的微生物，比如食物、土壤或者人体内。

生物多样性
（Biodiversity）

　　生活在一个地区的不同的动植物。

气候变化
（climate change）

　　全球气温与天气的变化，可能是自然引发的，也可能是人类活动引起的。

自然保护
（conservation）

　　保护环境和动植物。

分解
（decompose）

　　某种物质或者死去的动植物自然降解。

电子垃圾
（E-waste）

　　废弃的电子产品，比如扔掉的平板电脑和智能手机。

生态友好
（eco-friendly）

　　对环境无害。

生态系统
（ecosystem）

　　在自然界的一定的空间内，生物与环境构成的统一整体。

濒危
（endangered）

　　某个物种的个体数量很少，可能会灭绝。

能量
（energy）

　　使万事万物发生与存在的力量，以不同的形式存在，包括热能、光能、动能、声波和电能。

环境
（environment）

　　动植物生活的区域。

灭绝
（extinction）

　　一个物种完全消失。

化石燃料
（fossil fuels）

　　由数百万年前死去的动植物转化成的燃料，例如煤炭。

冰川
（glacier）

　　在陆地上多年存在并缓缓移动的天然冰体。

全球变暖
（global warming）

　　全世界气温升高。

温室气体
（greenhouse gas）

　　能够像温室一样保存热量的气体。

地下水
（groundwater）

　　地面下的水。

栖息地
（habitat）

　　某种动物的天然家园。

焚烧
（incineration）

　　燃烧某物（比如垃圾），可用于发电。

基石物种
（ keystone species ）

在一个生态系统中至关重要的物种。

渗滤液
（ Leachate ）

垃圾填埋场在堆放和填埋垃圾的过程中产生的液体。

微生物
（ microbes ）

在显微镜下才能看见的微小生物。

臭氧
（ ozone ）

在地球大气层中发现的一种氧气形式，能够阻止过量紫外线照射到地球表面。

偷猎者
（ poacher ）

未经动物所有者或者土地所有者的允许而杀死动物的人。

污染物
（ pollution ）

对空气、水或者土壤等有害的物质。

防腐剂
（ preservative ）

添加到食物中使食物保持新鲜的物质。

可再生
（ renewable ）

不会耗尽，例如风能，或者其他可以制造或种植的东西，例如树木。

资源
（ resource ）

对人类有利的物资材料，比如可以用来建筑房屋的材料。

可持续
（ sustainable ）

让资源不会耗尽。

毒素
（ toxic ）

有毒的物质。

紫外线
（ UV ）

一种光线，如果人类和其他动物的皮肤长时间暴露在这种光线下会受到损伤。

索引

71

致谢

DK would like to thank the following:

Caroline Hunt for proofreading; Hilary Bird for indexing; Abigail Luscombe and Seeta Parmar for editorial assistance; Sadie Thomas, Xiao Lin, Bettina Myklebust Stovne, Rachael Parfitt Hunt, and Anna Lubecka for the illustrations; Neeraj Bhatia, Mrinmoy Mazumdar, and Sahni Seepiya for hi-res assistance.

References:

pp40-41: Eunomia Research & Consulting and the European Environmental Bureau **pp48-49:** © FAO 2018, SAVE FOOD: Global Initiative on Food Loss and Waste Reduction, http://www.fao.org/save-food/en/, 2018

The publisher would like to thank the following for their kind permission to reproduce their photographs:

(Key: a-above; b-below/bottom; c-centre; f-far; l-left; r-right; t-top)

2-3 iStockphoto.com: Worradirek (Background). **2 Dreamstime.com:** Romikmk (bl); Alfio Scisetti / Scisettialfio (cl, br). **3 123RF.com:** Roman Samokhin (bc, tr). **Dorling Kindersley:** Quinn Glass, Britvic, Fentimans (cr). **Dreamstime.com:** Aperturesound (b). **4-5 iStockphoto.com:** Stellalevi (Background). **6 Getty Images:** Peter Macdiarmid (cl). **7 123RF.com:** photobalance (br). **8 123RF.com:** sauletas (cr). **8-9 iStockphoto.com:** Stellalevi (Background). **9 iStockphoto.com:** Dhoxax (crb); pigphoto (cb). **10-11 iStockphoto.com:** Stellalevi (Background). **11 Dreamstime.com:** Songquan Deng (bl). **12 Dreamstime.com:** Torsakarin (cl). **13 Depositphotos Inc:** urfingus (c). **Dreamstime.com:** Razvan Ionut Dragomirescu (crb); Photka (tc). **14-15 iStockphoto.com:** Stellalevi (Background). **14 123RF.com:** Eric Isselee / isselee (br). **15 Getty Images:** Mamunur Rashid / NurPhoto (bl). **NASA:** Goddard Scientific Visualization Studio (cr, fcr). **16-17 iStockphoto.com:** Stellalevi (Background). **16 Dreamstime.com:** Dolphfyn (bl); Andrey Gudkov (br). **iStockphoto.com:** Bogdanhoria (t). **17 iStockphoto.com:** Yotrak (t). **18-19 Dreamstime.com:** Stockbymh (t). **18 Fotolia:** Eric Isselee (crb). **iStockphoto.com:** Stellalevi (t/Background). **19 123RF.com:** Sergey Krasnoshchokov / most66 (br). **Alamy Stock Photo:** Avalon / Photoshot License (cr); Hemis (tr). **Dreamstime.com:** Johannes Gerhardus Swanepoel (c). **iStockphoto.com:** Alasdair Sargent (cl). **20 Dreamstime.com:** Artjazz (br); Nostal6ie (tr). **21 123RF.com:** Johann Ragnarsson (cl); Valery Shanin (bl); Nerthuz (br, fbr). **Dreamstime.com:** Delstudio (cla). **22 iStockphoto.com:** Kenneth Taylor (br); Wysiati (crb). **23 Alamy Stock Photo:** Arcaid Images (clb); James Davies (bl). **24 123RF.com:** Roman Samokhin (cb); Anton Starikov (crb). **Dorling Kindersley:** Quinn Glass, Britvic, Fentimans (cb/Glass bottle). **Dreamstime.com:** Aperturesound (fcra); Dmitry Rukhlenko (cra); Romikmk (clb). **25 123RF.com:** photobalance (fclb); Anton Starikov (cb). **Dreamstime.com:** Alfio Scisetti / Scisettialfio (clb). **26 Dreamstime.com:** Rangizzz (clb). **26-27 Dreamstime.com:** Maria Luisa Lopez Estivill (b). **27 Dreamstime.com:** Ilfede (crb); Ulrich Mueller (cra); Vchalup (cr); Huguette Roe (tr). **28-29 Getty Images:** Santirta Martendano / AFP. **29 Getty Images:** David Rubinger / The LIFE Images Collection (tr); PhotoStock-Israel (crb). **30 Dreamstime.com:** Alfio Scisetti / Scisettialfio (br). **31 123RF.com:** Aleksey Poprugin (tc, fcr); Roman Samokhin (cra). **Dreamstime.com:** Alfio Scisetti / Scisettialfio (t, fbr). **32 Dorling Kindersley:** Museum of Design in Plastics, Bournemouth Arts University, UK (cb). **Dreamstime.com:** Alfio Scisetti / Scisettialfio (ca). **iStockphoto.com:** MentalArt (cl); t3000 (cla). **33 123RF.com:** Monica Boorboor / honjune (br). **Dorling Kindersley:** Museum of Design in Plastics, Bournemouth Arts University, UK (cb). **Dreamstime.com:** Jo Ann Snover / Jsnover (cr). **iStockphoto.com:** likstudio (b); Yurdakul (tr). **34-35 123RF.com:** Roman Samokhin (ca). **34 123RF.com:** Aleksey Poprugin (cr). **Dorling Kindersley:** Quinn Glass, Britvic, Fentimans (ca). **Dreamstime.com:** Alfio Scisetti / Scisettialfio (cra). **35 123RF.com:** Aleksey Poprugin (clb); Roman Samokhin (c/Can). **Alamy Stock Photo:** Paulo Oliveira (crb). **Dorling Kindersley:** Quinn Glass, Britvic, Fentimans (c, clb/Bottle). **Dreamstime.com:** Alfio Scisetti / Scisettialfio (ca). **iStockphoto.com:** CasarsaGuru (cl). **36 Alamy Stock Photo:** ZUMA Press, Inc. (bc). **Dreamstime.com:** Arun Bhargava (br). **iStockphoto.com:** kali9 (cr); SolStock (cl). **36-37 Dreamstime.com:** Jetanat Chermchitrphong (Background). **37 Dreamstime.com:** Katie Nesling (cl). **iStockphoto.com:** vgajic (cb). **The Ocean Cleanup:** (cla, ca). **38-39 iStockphoto.com:** Stellalevi (Background). **38 123RF.**

com: Aleksey Poprugin (cr). **40-41 iStockphoto.com:** Stellalevi (Background). **40 123RF.com:** Anton Starikov (c). **Dreamstime.com:** (cb/Boxes); Alfio Scisetti / Scisettialfio (ca); Stocksolutions (cra). **iStockphoto.com:** dejanj01 (b); grimgram (cb). **41 Dreamstime.com:** Alfio Scisetti / Scisettialfio (cl). **42 123RF.com:** jemastock (c). **Dreamstime.com:** Alfio Scisetti / Scisettialfio (clb); Tom Wang (cb). **43 Dreamstime.com:** Igor Zakharevich (tc). **44 Dreamstime.com:** Winai Tepsuttinun (tl). **Getty Images:** Norberto Duarte / AFP. **45 Alamy Stock Photo:** Everett Collection Inc (b). **46 123RF.com:** cobalt (cb); szefei (cb/Forest). **Dreamstime.com:** Jf123 (crb); Nerthuz (clb); Liouthe (cb/Camera); Nikolai Sorokin (fcrb). **47 123RF.com:** Anton Burakov (cra/Plastic case); Sergey Sikharulidze (clb/Ebook); scanrail (c). **Alamy Stock Photo:** Africa Media Online (br). **Dorling Kindersley:** RGB Research Limited (cra). **Dreamstime.com:** Andrey Popov (clb); Wissanustock (cla). **48 Dreamstime.com:** Lunamarina (ca). **iStockphoto.com:** Coprid (cl). **49 123RF.com:** Monica Boorboor / honjune (cr). **Dreamstime.com:** Lunamarina (ca); Alexander Pladdet / Pincarel (fcra, c, cb). **iStockphoto.com:** Coprid (cb/Dairy box); Stellalevi (Background). **50 Dreamstime.com:** Varnavaphoto (cl, c). **51 Dreamstime.com:** Steven Cukrov / Scukrov (bl). **52-53 iStockphoto.com:** Pterwort. **52 123RF.com:** Pumidol Leelerdsakulvong (bc). **53 123RF.com:** Eric Isselee / isselee (tr). **Alamy Stock Photo:** Cultura Creative (RF) (cl). **Dreamstime.com:** Supertrooper (cr). **iStockphoto.com:** Androsov (br); YinYang (tl). **54-55 123RF.com:** andreykuzmin (bc). **iStockphoto.com:** Stellalevi (Background). **55 Dreamstime.com:** Neal Cooper / Cooper5022 (bc); Josefkubes (cla); Theo Malings (bl). **56 123RF.com:** Kirill Kirsanov (cla). **Dreamstime.com:** Buriy (ca); Lightzoom (fcla); Tat'yana Mazitova (fcra); Alexander Levchenko (cra); Photka (bc/Sand); Anton Starikov (bc/Metal nut); Cherezoff (br). **Fotolia:** Vadim Yerofeyev (bc). **57 123RF.com:** Kanlaya Chantrakool (ca/Rice grains); shaffandi (ca); imagemax (ca/Apple). **Dreamstime.com:** Henrik Dolle (fcrb); Rsooll (cla); Sarah Marchant (clb); Alexander Pladdet / Pincarel (c); Yury Shirokov / Yuris (c/Batteries); Sinisha Karich (crb). **58 123RF.com:** Igor Zakharevich (ca). **Dreamstime.com:** Denys Kovtun (ca); Yulia Gapeenko / Yganko (cb); Tetiana Zbrodko (ca). **59 123RF.com:** mawielobob (ca); pixelrobot (ca); Vitalii Tiahunov (bc). **Dreamstime.com:** Ruslan Gilmanshin (ca/Pink tshirt); Milos Tasic / Tale (cra, crb). **60-61 iStockphoto.com:** johan63; Stellalevi (Background). **61 NASA:** (br); NASA's Eyes on the Earth 3D (cra). **62 123RF.com:** Boris Stromar / astrobobo (tr); Aleksey Poprugin (cr); Yotrak Butda (bc). **Dorling Kindersley:** Jerry Young (fcrb, cr). **Dreamstime.com:** Steve Mann (clb); Alfio Scisetti / Scisettialfio (tr/Bottles); Onyxprj (cra). **62-63 Dreamstime.com:** Onyxprj (c/Bottles); Alfio Scisetti / Scisettialfio (c). **64-65 iStockphoto.com:** Stellalevi (Background). **66-67 iStockphoto.com:** Stellalevi (Background). **68-69 iStockphoto.com:** Stellalevi (Background). **70 123RF.com:** Aleksey Poprugin (fbr/Bag); Roman Samokhin (fbr). **Dorling Kindersley:** Quinn Glass, Britvic, Fentimans (br). **Dreamstime.com:** Alfio Scisetti / Scisettialfio (fbl). **71 123RF.com:** Roman Samokhin (crb). **Dorling Kindersley:** Quinn Glass, Britvic, Fentimans (bc). **Dreamstime.com:** Alfio Scisetti / Scisettialfio (bl)

Cover images: Front: **123RF.com:** Aleksey Poprugin bc, Roman Samokhin clb; **Dorling Kindersley:** Quinn Glass, Britvic, Fentimans bl; **Dreamstime.com:** Penchan Pumila / Gamjai cla, cb, Alfio Scisetti / Scisettialfio (Bottles); Back: **123RF.com:** Aleksey Poprugin bl, Roman Samokhin clb, cr; **Dorling Kindersley:** Quinn Glass, Britvic, Fentimans clb/ (Glass bottle); **Dreamstime.com:** Alfio Scisetti / Scisettialfio (Bottles)

All other images © Dorling Kindersley
For further information see:
www.dkimages.com